CHEMISTRY DETECTIVE KING
化学侦探王
盛放

U0173095

吴殿更

湖南教育出版社
·长沙·

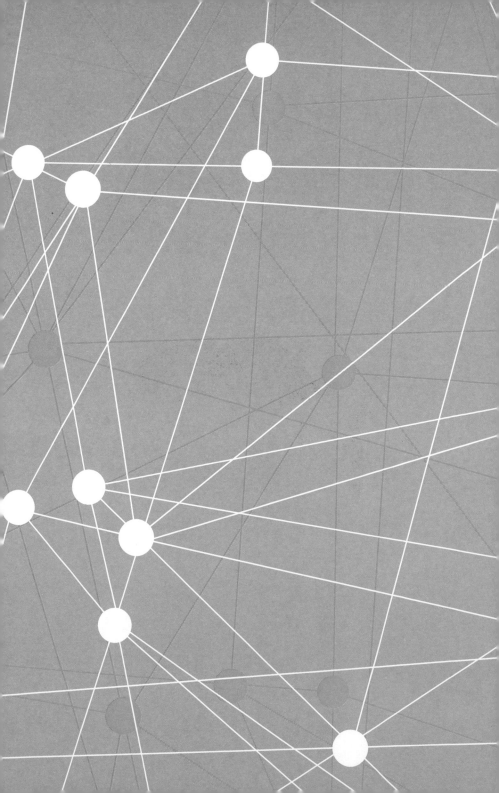

故事发生在 H 市，这是一个美丽的海边小城。主人公路建平、申筝奕和尤勇齐都是 H 市中学八年级（3）班的学生。他们因为联手解开了学校里的几个谜团，被同学们称为"少年侦探团"。上学期间，他们遇到了一个又一个离奇的案件，也由此开启了一段段惊险刺激的"破案之旅"。

人物档案

路建平

少年侦探团成员。受父亲的影响喜欢研究化学，擅长透过表面现象分析事物本质。

申笨奕

少年侦探团成员。希望长大后当警察。古灵精怪的小脑袋里总有一些奇思妙想。

尤勇齐

少年侦探团成员。别看他头脑好像不灵光，却经常可以在关键时刻误打误撞得到一些意外收获。

目 录
CONTENTS

1 实验室起火 / 01

2 神秘的物质 / 13

3 散落的线索 / 21

4 助教的自拍 / 31

5 第二张照片 / 41

6 烟花秘术 / 52

7 关键的证据 / 64

8 最终的对质 / 71

实验室起火 1

下午五点，放学铃声按时响起，H市中学原本安静的楼道顿时喧闹起来。八年级（3）班的教室里也充满欢声笑语。

"建平，要不要一起去打篮球？"

"我就不去了，我还要去图书馆呢。"

"这可是刚放假回来的第一天，你就要开始立学霸人设了啊？"

路建平笑了笑没说话，开始收拾书包。

放学后大家都迫不及待地离开了校园。很快，教室里就安静下来，只剩下几名值日生。

路建平起身要去图书馆，正在扫地的尤勇齐凑了过来："化学家，你是不是又要背着我去吃好吃的？"

"你这是什么话，"申筝奕此时也收拾好了书包，坐在椅子上**翘起了二郎腿**，"化学家肯定是要去图书馆找化学书去！"

"那你要去干吗呀？"尤勇齐问道。

"作为校园小记者，我要去图书馆采风，为5月的校园报收集素材。"申筝奕说着把照相机放到书包里。

"好吧，那你们等等我，我做完值日跟你们一起去。"尤勇齐说着，加快了手上的动作。

"你怎么愿意去图书馆了？"路建平打趣道。

"咱们'少年侦探团'怎么能不一起行动呢？我去为期中考试提前做准备！"尤勇齐眯起眼睛笑道。

"走喽！"20分钟过去了，尤勇齐终于打扫完了，他抓起书包就冲出了教室。

申筝奕看到尤勇齐的样子，**惊得下巴都快**

掉了。"这陪跑的怎么比跑步的还着急，等等我们。"说着也跑出了教室。路建平摇摇头，赶了上去。

三人一起朝图书馆走去，尤勇齐吵着让路建平分享假期见闻："化学家，你快说说看，假期遇见什么新鲜事儿了？"

路建平略加思索，故作神秘地说："那可多了。我假期在家看了一部电视剧，结果发现剧中演员在做实验时，居然——用嘴吹灭酒精灯！"

尤勇齐忍不住打断了他，问道："酒精灯上有火焰啊，用嘴吹灭不是很合理吗？"

"你应该多学习，"路建平无奈地解释，"酒精灯是一种用酒精作为燃料的加热工具，不能用嘴吹灭，而是要用灯帽盖灭。"

　　"建平，你还没回家啊？"一道**沉稳**的男声打断了他们的谈话，原来是化学实验室负责人石老师刚刚开完会出来。他是路门捷的得意门生，只要有时间，他经常带路建平来实验室做实验。

　　"石老师！"路建平径直向石老师跑去，"您刚开完会啊？我正好要去图书馆查查制氧实验的资料，您要一起去吗？"

　　石老师抬手看了看表，笑着说："我现在正好有时间，就陪你们走一趟吧。"路建平向他介绍了申筝奕和尤勇齐。石老师**狡黠**一笑："我早就听说过了，你们就是大名鼎鼎的少年侦探团嘛！"

　　"不愧是我们化学家的'师兄'！"尤勇齐向石老师比了个大拇指，引得大家哈哈大笑。

　　四人有说有笑地向图书馆走去。忽然，石老师眉头一皱，停下了脚步。

　　"你们闻到什么奇怪的味道了吗？"他**神色疑重**地问道。

　　“好像是烧焦的味道！”路建平突然有种不好的预感。

　　大家交换了一下眼神，齐齐向旁边的实验室跑去。

　　果然，刚靠近实验室，大家就感受到一股**热浪**。**定睛一看**，实验室的前门正向外冒着黑烟。

　　“着火了！大家往后退！”看到这样的场景，石老师大喊，然后快速跑去拿楼道里的灭火器。

　　说时迟，那时快，石老师用力拔掉灭火器的保险销，对准实验室喷了起来。白色的粉末**喷涌而出**，瞬间淹没了实验室的前门。接着，石老师打开前门，一头冲进了**烟雾弥漫**的实验室，里面不时传来灭火器"嗞嗞"的声音。

"石老师，小心啊！"申筝奕看到石老师跑进实验室，**焦急**地想上前帮忙，被路建平一把拉住，"不能进去！现在还不确定里面的情况，我们要尽量远离火源！"

话虽然这么说，但路建平的额头上已急出了**细密**的汗珠。他不停地向实验室内张望着，默默祈祷石老师平安出来。

石老师在实验室中快速寻找着火源。他看到火势集中在前门旁的窗户上，立即将灭火器对准窗户和窗帘喷了起来，直到火焰完全熄灭。接着，他又仔细检查了整个实验室，并没有发现其他火源或危险品，这才拖着**疲惫**的身体走出了实验室。

"石老师！"看到他出来，三人纷纷围上前去，扶住了他。

"您没事吧？"尤勇齐接过石老师用完的灭火器，**关切**地问道。

石老师的头发被汗水和灭火器的粉末染成了白

色，贴在额头上，显得有些**凌乱**，但他还是挤出一个微笑："没事，我已经把火灭掉了。你们都没事吧？"

申筝奕听到火已经灭了，紧绷的神经终于放松下来。她的眼眶都有些湿润了："太可怕了，实验室怎么会着火呢？"

石老师拍了拍申筝奕的肩膀，说："别担心，我先去向校领导汇报一下实验室着火的事情。你们也受了惊吓，先缓一缓吧。"说完，他就去联系校领导了。

路建平**长呼一口气**，擦了擦汗，感叹道："幸亏我们遇到了石老师，不然火势恐怕没这么容易被控制。"

尤勇齐点头附和："没想到我第一次来化学实验室就遇到这种事情，我真是'**天喊吴壑**'啊！"

申筝奕的情绪终于稳定了下来，翻了个白眼说："你在乱用什么成语！"

不一会儿，王副校长和其他几名老师匆匆赶到现场。大家见火已经被扑灭了，于是再次进入实验

室进行检查，而王副校长则留在走廊上了解情况。

王副校长看到被火烧过的实验室，露出一副**难以置信**的表情，问道："石老师，这究竟是怎么回事？为什么这里还有三名学生？"

石老师接过一瓶矿泉水，拧开瓶盖喝了一大口，赶忙说："我们路过这里，刚好碰到实验室着火了。"

路建平听到石老师声音**沙哑**，累得几乎虚脱，帮忙解释："王副校长，您好！我们是八年级（3）班的学生，放学后想去图书馆看书。在去图书馆的路上，我们遇到了石老师，刚走到拐角，忽然闻到了烧焦的味道，继而发现了火灾。我们赶来的时候，火虽然已经烧起来了，但石老师能够用灭火器迅速把火扑灭，想来也是刚着火不久。"

王副校长一边听路建平叙述，一边连连点头："原来如此。起火原因找到了吗？"

几个人**互相对视**一眼，纷纷摇头表示不知道。

这时，几个老师从实验室里出来了，其中一人

向王副校长汇报道："我们查看过了，火确实已经完全熄灭。主要是前门靠近窗户的部分火势比较严重，实验室中部火势轻微，靠近后门的区域并没有被火烧过的痕迹。前后两个门都没有明显的损毁痕迹。除火势比较严重的一扇窗户外，其他窗户均没有被破坏的迹象。实验室内的电器和线路，都没有明显的烧灼痕迹，可以排除线路老化的问题。我们还检查了所有易燃、易爆的危险化学品，没有发现异常。所以，基本排除实验室自燃的可能。从目前的情况来看，人为纵火的可能性最大。"

　　听到这里，申筝奕**果断**地举起了手："王副校长，我有一些猜测想跟您汇报！"

王副校长听到火灾后果并不严重的消息，脸上严峻的表情舒缓了一些。她**和蔼**地示意申筝奕说下去。

"首先，从过火面积来看，这次起火的时间并不长。我们发现火灾时，就从这条通道跑过来了。纵火者能在如此短的时间内逃离，并从我们四个人的眼皮子底下溜走，唯一的可能性就是从这部楼梯跑下去。"申筝奕指着实验室门口的楼梯说，"还有一点值得注意的是，现在是白天，选择这个时间故意纵火好像过于高调了。所以最有可能是有人在开展实验时出现了失误，造成了火灾。"

申筝奕像个**干练**的小警察，背着手一边来回**踱步**，一边**笃定**地分析。王副校长看着这个气场不输大人的学生，赞许地说："你的推理很有道理啊！这是跟谁学的？"

申筝奕扬着小脑袋，自豪地说："我妈妈！她是一名刑警，也是我的榜样！"

石老师顺势向王副校长推荐了路建平、申筝奕

和尤勇齐三人，并夸赞他们的少年侦探团曾破过好几个案子。王副校长对少年侦探团也有所耳闻，在审慎考虑后，决定将"找出纵火者"的任务交给他们。

他们三人满怀信心地向王副校长承诺："我们保证完成任务！"

灭火器的原理是什么？

石老师使用的是干粉灭火器，灭火原理可以简单理解为，灭火器里装了特殊的粉末，这些粉末碰到火之后会发生化学反应，抑制火焰的燃烧，就像给火焰"踩刹车"一样，让火熄灭。同时，这些粉末还可以隔绝氧气，让火焰没有充足的氧气继续燃烧。所以，当火灾发生时，使用干粉灭火器可以快速有效地灭火，防止火势扩大。

神秘的物质 2

此时，实验室的环境已经确认安全了，三个人准备进入实验室内查看情况，石老师则留在实验室外和王副校长沟通后续事宜。

空气中还是弥漫着一股难闻的焦煳味，这是火灾留下的独特气味。靠近前门的实验台表面已经被烧毁，门口的第一个水池已经**焦黑**，上面的窗帘被烧毁了一部分，门边墙壁上挂的几件实验服，也已经被严重烧毁了。好在他们发现得及时，实验室内部，尤其是靠近后门的区域并没有太大的损失，这也算是**不幸中的万幸**了。

路建平看到自己平时最喜欢的化学实验室变成了这样，心里很不是滋味。

尤勇齐虽然第一次来实验室，但看到眼前的场景和路建平失落的样子，也感到很难过。他拍了拍路建平的肩膀，说："化学家，振作起来，我们一定要找到'幕后黑手'，让他受到应有的惩罚！"

申笋奕点点头说："刚才我向石老师了解了一下情况，他刚进来时，发现火灾的源头在前门旁边的窗户这里。"

说完，她领着两位小伙伴来到了实验室的窗边。窗帘被烧毁了一部分，原本用来清洗器皿的水池也被烧得焦黑，窗台上还有大量纸张燃烧后的灰烬。

"这可太奇怪了，为什么起火点会在这个位置呢？"路建平觉得有些地方说不通。

尤勇齐突然指着干涸的水池底说："你们看看这是什么？"

两人顺着尤勇齐指的方向看过去，只见池底有一

些白色的物质，远看起来就像白雪一样。

　　尤勇齐伸手就要去触摸这些看起来**毫无威胁**的白色物质，路建平见状急忙拉住了他："别乱碰，实验室里的化学物质是很危险的，万一有腐蚀性，你直接用手摸，轻则烧伤，重则……"

　　没等他说完，被吓得**脸色惨白**的尤勇齐赶紧把手缩了回去："好家伙！我还以为有腐蚀性的都是液体呢，没想到如此好看的白色粉末也这么危险。"

　　路建平说了一句"等我一下"，然后从一个没有受损的实验台旁取来了一把镊子和一支试管，将水池中的白色物质夹到了试管中。

"我们得先看看这究竟是什么。它出现在水池里，应该是很重要的线索。"路建平说。

"那我们怎么才能判断它的成分呢？"申筝奕问道。路建平还没来得及说话，尤勇齐又指着墙根说道："你们看，那儿有一个倒在地上的玻璃瓶。"

三人组纷纷走过去查看这个玻璃瓶。它似乎是意外掉落在地上的，已经产生了裂痕。不过，它侥幸躲过了向上的火势，瓶身的标签还依稀可辨认出一个"钠"字。

"是钠？"路建平嘀咕着，快步来到了一个**完好无损**的实验台旁边。

他似乎想到了什么，又从实验台中找到了一些实验器材。

"你也太熟练了。怎么什么都能找到？"尤勇齐看着路建平一通操作，禁不住感慨道。

"他总来做实验，当然熟悉了。"申筝奕说。申筝奕轻轻叹了口气，恨铁不成钢地给了尤勇齐

一记"手刀","你能不能别*哪壶不开提哪壶*？化学家这么伤心，你还往他伤口上撒盐。"

"他好奇嘛，也别责怪他，"路建平笑了笑说，"当务之急，我们还是要找出实验室起火的原因。"

路建平向装有白色粉末的试管中加入一些水，振荡试管，他观察到白色粉末很容易溶解在水中。

"化学家，你打算怎么做？"申箏奕问道。

路建平解释说："接下来我要做一个焰色试验。根据火焰呈现的颜色，我们就可以判断出这种白色粉末与金属钠有什么联系了。"

路建平点燃了酒精灯，把一根嵌在玻璃棒上的铂丝放在酒精灯上灼烧，直到与原来的火焰颜色相同，然后他用铂丝蘸取试管中的溶液，在酒精灯上灼烧，仔细地观察火焰的颜色。

灼烧时火焰呈现出黄色，路建平的眼睛紧紧地盯着这团跳动的黄色火焰，他的手稳稳地握住玻璃棒，**专注**的表情中多了几分自信。

"这……这能看出个啥？"尤勇齐犹豫了一下，还是问出了心中的疑惑。

路建平放下了手中的玻璃棒，站起身来回答道："不同的金属元素在火焰上燃烧，呈现出的颜色是不同的。化学上把这样的定性分析操作称为焰色试验。你们也看到了，这次的火焰是黄色，说明白色粉末里含有钠元素。"

申筝奕似懂非懂地点了点头，问道："这种白色粉末在水池里出现，那它会不会是金属钠与水反应生成的呢？"

路建平赞许地看了看申筝奕，说："正义姐很会抓重点啊！通常来说，钠与水反应，会产生氢氧化钠和氢气。"

"什么是氢氧化钠？"尤勇齐像在听课似的积极地发问。

路建平说："氢氧化钠俗称烧碱、火碱、苛性钠，是一种具有强腐蚀性的物质。氢氧化钠在高温条件

下，很容易与空气中的二氧化碳反应，生成碳酸钠。

碳酸钠就呈白色的粉末状。"

伤口上撒盐为什么疼？

　　往伤口上撒盐会让人感到疼，主要是因为盐会刺激身体，并导致组织细胞受到损伤。

　　当盐直接撒在伤口上时，伤口周围的细胞会失去水分，导致组织细胞受到损伤或坏死，引起刺激疼痛。伤口上撒盐还会直接刺激神经细胞，引发疼痛感。如果盐中含有杂质，还有可能导致伤口感染，增加炎症感染的风险。

散落的线索 3

路建平快步走回了水池旁。看着干涸的水池，他陷入了沉思。

申筝奕急忙问道："所以，这种白色粉末可能是碳酸钠吗？"

路建平接着说："我不确定它是否是纯净的碳酸钠，具体成分还需要进一步验证。但是，这种白色粉末很可能就是金属钠与水反应后的产物，而且它在水池中出现，这意味着金属钠曾经在这里燃烧过。"

尤勇齐听后瞪大了眼睛，**不解**地问道："可这里是水池啊，为什么钠会在这里燃烧？"

　　"怎么说呢，金属钠比申筝奕还要活跃，"路建平眼见申筝奕做势要打他，赶紧正经起来，"它一碰到水就会立刻发生非常剧烈的**化学反应**。这种反应会释放出大量的热，如果不能及时控制这种化学反应，就可能会引发火灾。"

　　此时，申筝奕跟随着路建平的思路，也逐渐意识到了问题的关键所在，她的眉头皱了起来。**沉吟片刻**，她说道："所以你的意思是，有人把金属钠放进了潮湿的实验室水池，并且没有及时处理，结果导致窗台上的纸张被点燃，并**殃及**了旁边挂着的衣服，从而引发了这场火灾？"

　　路建平点了点头："是的，你们来看整个火势的走向。理论上来说，大家基本上都会在实验台做实验，所以最容易发生事故的地方也应该是实验台。但整场火灾的中心并不是这里，相反，临近水池、相对来说更安全的窗户和正门却受损严重，这就是整个

事件中**不同寻常**的地方。所以，这说明能够和水发生剧烈化学反应的金属钠应该就是**罪魁祸首**。”

“你们这段推理真是漂亮！”尤勇齐不禁感叹道。

申筝奕抑制不住上扬的嘴角，骄傲地说：“那是，本推理女王接下来就要去锁定相关嫌疑人了。”

“你要怎么做？”尤勇齐**摩拳擦掌**，期待自己能出一把力。

“那当然是——”申筝奕**故弄玄虚**地停顿了一下，“去看监控啦！”

“好！”

此时，王副校长已经离开，三个人把刚刚的发现报告给了走廊上的石老师。

“你们推理得非常合理。”石老师听了路建平的解释，向三个孩子投去了**赞许**的目光，“真是**自古英雄出少年**，小小年纪就能有如此敏锐的洞察力和**缜密**的逻辑思维，这么快就找到了问题的关

键所在。我可算是没有看错人啊！"

"那么接下来，是不是可以调取监控，看看有谁在今天出入了化学实验室？"申筝奕**迫不及待**地说。不得不说，申筝奕在她父母的**耳濡目染**下，确实像一个小警察，查起案子来**思维缜密**、**逻辑清晰**。

石老师听后，推了推眼镜，然后得意地摸了摸自己的口袋，说道："我已经问过保安室了。值班保安把今天的监控视频发到了我的手机上，大家可以一起看一看。

"可以啊！老石！"尤勇齐一开心就**得意忘**

形的毛病此时暴露无遗。

"说啥呢！没大没小的！"申筝奕一副恨铁不成钢的表情。

石老师却完全不介意，哈哈一笑说："老石就老石吧，快来看看视频。"

听到这话，三人纷纷凑过头来。监控视频的画质虽然不是很清晰，但大家还是可以清楚地看到，今天下午2点37分，有一位穿着黑色短袖的女老师带着一名男生走进了实验室。他们在下午5点2分，也就是火灾发生前约半小时离开了现场。之后，监控视频里再也没有任何人进出的画面。

"啊，没有人从门口的楼梯跑下去呀。"申筝奕泪丧地说。

"哈哈，正义姐，看来你分析得有误呀！"尤勇齐嘲讽道。

"哼，在没做过调查的前提下，能够分析成我这样，已经很不容易了！不服气，你来呀！"申筝

奕瞪了尤勇齐一眼，随后转向石老师问，"石老师，视频里面的两个人都是谁呀？"

"这个穿着黑色短袖的女老师是我们化学实验室的助教老师，叫邵楠，"看完视频，石老师补充说，"你们可以找她了解一下情况。"

路建平点了点头表示同意："现在看来，之后没有人再进过实验室，我们只能先找他们了解一下情况了。

石老师收起手机，对路建平三人说："好了，我能帮忙的就是这些了，接下来的事情就交给你们了，我得回去整理一下资料，你们加油吧！有什么问题随时可以来找我帮忙，另外，一定要**注意安全**啊。"

"石老师，你就放心吧，这件事情交给我们是不会错的！"尤勇齐向石老师**握了握拳**，做出了一个加油的手势。

"今天已经不早了，大家可能都离开了，"路建平转头跟两个同伴说，"我们先看看实验室的其

他地方有没有什么线索或者可疑之处，明天再去找视频里的老师和同学吧。"

"没问题！"尤勇齐**兴致勃勃**地说。申筝奕则开口道："这个主要就靠你了啊，我们对化学实验室可没有你那么熟悉。"路建平**挑了挑眉毛**，说道："没问题，交给我吧，我会仔细查看的。"

说完，三人就开始四处观察起来。

"为什么这些罐子上标着的都是 XX 气？"

"那叫气体钢瓶，是用来储存气体的设备。"

"好了！现在好好查案吧。"尤勇齐刚想再问，就被申筝奕制止了。他赶紧**捂上嘴巴不说话**了。

申筝奕在实验室靠近后门的区域检查，这里并

没有被烧毁，大多数实验台是**完好无损**的。

"这是什么？"申筝奕走到一个实验台前，惊讶地问道。

路建平走过来看了看，说："这地上怎么散落了这么多纸？"

申筝奕摇了摇头："我也不知道，我刚才过来的时候就是这样的。"

路建平的目光在这些**散乱**的纸上多停留了一会。他捡起来一张看了看，发现这是学生们写的实验报告。

"这些实验报告为什么会散落在实验室的地上？"路建平问出了自己的疑惑。

"可能是刚才有人不小心碰倒了吧。老师总是把一大摞实验报告放在一起，谁不小心碰倒了，就会铺开一地。"尤勇齐走过来一边发表意见，一边也捡起地上的纸看，"这还是好几个月前的呢，这是放了多久啊……"

"这就有些奇怪了。"路建平嘀嘀自语道。

少年侦探团三人组很快检查完了实验室的大致情况，为了不妨碍工作人员进行接下来的封锁布置，他们决定先回家了。

视频监控有没有声音？

大多数视频监控本身并没有声音，需要另外安装拾音器才能录制声音。

拾音器是一种用于录制声音的设备，一般安装在摄像头的旁边，它会将录制到的声音同步录入到录像机内。但是，现实中的大部分场所都不会特意配备拾音器。

助教的自拍 4

第二天放学后，少年侦探团决定去教师楼找邵楠老师。

"邵老师的办公室离石老师的不远，一个在五层，一个在四层。不知道邵老师在不在办公室。"路建平一边爬楼，一边向他的两个同伴解释。

申筝奕好奇地问："化学家，你见过邵楠老师吗？她是一个什么样的人？"

路建平**微微皱眉**，回忆道："说起来，我跟邵老师的接触并不算多。有时候，我做实验到收尾阶段时，会见到邵老师来整理实验室。她是实验室的

助教，平常会做一些辅助性的工作。在去实验室之前，我一般都会提前一天给她发消息说一声。"

尤勇齐忍不住插嘴道："既然邵老师是助教，那为什么她和石老师不在一个办公室里？我们还要多爬一层。"他的关注点总是十分奇特。

路建平笑了笑，说："因为邵老师不仅是化学实验室的助教，也会处理一些后勤工作。可能因为她比较年轻，所以现在做的大多是一些基础性工作。"他停顿了一下，想了想补充道："我也只是大概记得这些，其他的就不是很清楚了。对了，我曾经发过邮件询问邵老师实验的事，邵老师的回复非常详细，我当时还想，这个助教真是负责任啊。"

路建平一边说着，一边引导着申筝奕和尤勇齐往楼上走，他们顺着楼道一路来到了五层。这里的走廊不太长，两边都是办公室，大大小小加起来总共有六七个。他们逐个看过去，终于找到了标着"邵楠"的门牌。

路建平敲了敲门，里面似乎有声音回应，于是他推开门，一个整洁而简单的办公室**映入眼帘**：靠墙的位置摆放着几个大大的文件柜，中间的桌子上摆着一台电脑和一些文件夹，桌子旁边是一个装满玻璃瓶的架子。此外，屋子里还有一些烧杯和试管，不过这些设备看起来非常新，几乎没有使用过的痕迹。

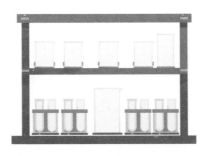

申筝奕和尤勇齐被路建平拉进办公室的时候🌼🌼🐾🐾的，虽然面对的是一名助教老师，但进入陌生办公室时感到紧张是每个学生都无法克服的本能。相比之下，路建平就自然多了，他**开门见山**地向邵楠说明了来意："邵老师好，我们有些事情

想向您了解一下。不知道您听说了没有，化学实验室昨天下午着火了。"

听到路建平的话，邵楠觉得十分惊讶："是的，我听石老师说了。可是你们怎么会来问我这件事？"

尤勇齐看到邵楠很平易近人，早就把紧张抛到了九霄云外，解释道："邵老师，我们三个是学校的少年侦探团，破获了不少'大案'呢！这次化学实验起火，我们跟王副校长保证，一定要找到幕后的纵火者。"

看到尤勇齐憨头憨脑又自信满满的样子，邵楠忍不住笑了出来。她将了将自己披散着的头发，连连点头："原来是少年侦探团啊，失敬失敬。你们想问什么？"

申笨奕见气氛活跃了起来，也开始发问："邵老师，我们查看了昨天下午化学实验室门口走廊的监控录像，发现只有您和另一个男生在火灾发生前进入过化学实验室，请问那个男生是谁？你们去化

学实验室做什么呢？"

邵楠并没有任何回避，回答道："那个男生名叫金文舟，是我们高中部的助教，也是化学俱乐部的成员，因为这个实验室是化学俱乐部的活动区，所以昨天他应我的邀请来帮忙整理实验室的仪器和试剂材料等，顺便做一做大扫除。"

路建平若有所思地听着邵楠的话，问道："那您昨天下午具体做了些什么呢？"

邵楠沉吟片刻，回答道："昨天午休结束之后，我就在办公室等着金文舟。他昨天下午要在高中部跟班上课，等他下课赶来后，我们就一起去实验室开始整理了。"

"在整理的过程中，您有没有发现什么异常呢？"申筝奕继续问。

邵楠仔细回忆了一下，然后肯定地说："没有异常。我们先是取出实验器材，然后进行清洗和整理。接着，把试剂做好了分类。再后来，我们就清洁了

台面、地面和窗户，收拾了一些杂物。"

"在整个过程中，您完全没有觉得金老师或者实验室有哪里不对劲吗？"路建平问道。

"没有啊，一切都很顺利地完成了。"

"您怎么想到要昨天做大扫除呢？"路建平又提了一个问题。

"这不是正赶上五一咱们学校举办了'热爱校园'的校庆活动，倡导大家利用业余时间清扫校园，并拍照向校报投稿。于是我就去打扫多功能厅了。我想，反正是要大扫除，不如把实验室也整理整理。"邵楠回答，"另外，也没有学生给我发消息说要用实验室，现在整理不影响大家之后使用。"

路建平紧接着问道："所以您和金老师离开之后，就再也没有回过化学实验室了？"

邵楠**点了点头**："是的，离开实验室之后，我和金老师在大操场入口处告别了。然后，我就赶去多功能厅了。"

"您是和哪位老师一起去的？"

"我们几个助教老师都是自愿去打扫的，大家的空闲时间也不一样，所以没遇到别的老师。不过，我拍了照片，还把它发到朋友圈了呢。"说着，邵楠拿出手机展示她的朋友圈。照片里，邵楠穿着黑色短袖，**笑容灿烂**。

"邵老师，您的照片拍得真好。您能不能把照片发给我，我想把它放到校报上。"申筝奕说道。

"那太好了！"邵老师很高兴，答应把照片发到校报的邮箱里。

"另外，您方便问问金老师明天有时间吗？我

们想跟他也聊一聊。"路建平问道。

"好的。我跟他联系一下。"邵楠爽快地答应了。

问得差不多了，路建平起身跟邵楠告别："邵老师，那我们就不打扰了，您先忙。"

邵楠把他们送到了门口，路建平刚要离开，忽然问道："邵老师，实验室后门的钥匙您有吗？"

邵楠回答说：这个钥匙一共有三把，石老师、金老师和我各有一把。

路建平若有所思地点了点头："我知道了……"

三个人从教师楼出来后，天已经黑了。

这时，他们看到负责清扫的王大爷推着小推车，推车前面搭着一块红布，走了过来。

"王大爷，您这是上哪儿去？"路建平叫住了他。

"我在运送从大礼堂拆下来的校庆装饰。这个横幅昨天上午就拆完了，实在没来得及收。"王大爷指了指推车中的红布。

"我们帮您一起运到仓库去吧。"尤勇齐赶忙说。

王大爷哈哈一笑："这点儿东西我一个人完全运得了，你们快回家吧。"

于是三人相视一笑，向校门口走去。

谜题

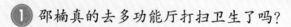

① 邵楠真的去多功能厅打扫卫生了吗？

② 王大爷运送横幅的线索，在整个案件中起到了什么作用？

第二张照片 5

实验室火灾发生的第三天放学后，邵楠和金文舟在一个实验室与少年侦探团见面了。

金文舟穿着一件深色的衬衫，配了一条干净但很旧的牛仔裤。站在原地时，他总是面无表情，喜欢把双手插在裤兜里，这使得他看起来更加**孤僻**了。他的嘴唇总是紧紧抿起来，仿佛在**抗拒**与人交流。

路建平和申笨奕在观察金文舟的同时，也感受到了他散发出的那种**压抑**的气场，只有尤勇齐像个没事人一样，完全没有觉得气氛有些严肃。

邵楠笑着向路建平三人介绍金文舟："这位就

是那天和我一起整理实验室的金老师。"

"金老师您好，我们是负责辅助调查这次实验室火灾的三名学生。"路建平深吸一口气，**郑重**地说，"麻烦您了，我想您也听说了，放假回来的第一天，也就是5月5日，化学实验室着火了。"

金文舟点了点头，没有说话。

"所以我们想找您了解一下情况。"路建平再次把话题抛给了金文舟，希望他能展开说说。

"我能跟你们说什么，"金文舟**摊开手**，无奈地说，"我也很想知道实验室到底发生了什么。"

此时，一直没有说话的申筝奕补充道："金老师，我们看了那天的监控视频，您和邵老师是最后到过实验室的人。所以我们想知道那天下午发生了什么事情。"

金文舟眉头紧锁，回答道："那天下午第二节课我跟课，下课后回到办公室，石老师让我和邵楠一起去整理实验室。我们一直整理到五点左右，邵楠

见打扫得差不多了，又急着去多功能厅打扫，我们就离开了实验室。"

"金老师，离开实验室之后，您又去了哪里？"尤勇齐看到小伙伴们都像专业侦探似的，他也**迫不及待**地提问了。

"我和邵老师在大操场的入口处分开，然后我去了初中部的图书馆。"金文舟**面无表情**地回答，语气也没有太大起伏。

"金老师，您也有一把实验室后门的钥匙吗？"路建平问道。

"对，不过我两周前把钥匙交给王雪保管了。"金老师说。

"王雪是谁呀？"申筝奕问道。

"她是高二（1）班的学生，也是化学俱乐部的部长。"金老师淡定地说。

"那您为什么把钥匙交给她呢？"申筝奕接着问。

"下个月俱乐部的很多同学都要参加'化学实

43

验创新设计大赛'，所以他们需要到实验室的资料区查资料。"金老师说。

"所以，您就把钥匙交给王雪了吗？"路建平问。

"对，我平时工作很忙，没办法总陪他们过来。"金老师平平淡淡地说。

"这个王雪我知道，"邵老师接着说，"她非常热爱化学，把俱乐部管理得井井有条。我们都非常放心把工作交给她。"

"那他们可以独立做实验吗？"路建平接着问。

"当然不可以了，他们只能在资料区里查资料。"邵老师说着指指资料区的电脑。"化学品平时都在柜子里锁着，近两周因为他们要比赛，所以石老师

暂时把非危险化学品的柜子打开了。不过做实验时，他们必须有老师全程陪同。"

申筝奕点了点头说："谢谢金老师，那我们就不打扰了。"金文舟没有说话，稍稍低了低头示意，便起身准备离开了。邵楠赶忙跟上去，转头和三人组说："我送一下金老师，一会儿回来。"

看着他们**远去的背影**，申筝奕松了一口气。她擦了擦额头上的冷汗，说："这位金老师也太**沉默寡言**了，完全聊不起来啊。"

尤勇齐用手撑着下巴，**懒洋洋**地说："是啊！和他说话就像是在挤牙膏。"

过了一会儿，邵老师回来了，她**笑眯眯**地问："你们在聊什么呢？"

路建平答道："邵老师，我们在聊金老师的事情。请问您和金老师很熟吗？"

邵楠摇了摇头说："其实我和金老师并不是很熟。不过金老师也是化学俱乐部的成员，他是一个化学

迷，整天琢磨着各种各样的化学实验。"

邵楠思考了一会儿，接着说："金老师经常参加各种化学研讨会和比赛，和一些志同道合的人在一起交流学习。虽然平时他很少说话，但是你只要问有关化学的问题，他就会滔滔不绝、倾囊相授。"

尤勇齐感慨道："我要是一句话不说，跟金老师一起整理实验室两个小时，恐怕会闷死在里面。"

大家哈哈大笑起来。

和邵楠老师告别后，路建平提议大家一起去图书馆："我们可以去图书馆查一下读者出入记录，查验一下金老师的不在场证明。"

"好哇，"申箏奕伸了个懒腰，"今天我们可是吃完晚饭了，查到几点都行。"

三个人很快找到了图书馆管理员。

他们向这位戴着金丝边眼镜的中年男子说明了情况。管理人员非常配合地打开电脑，查询了金文舟在 5 月 5 日的出入记录。

"金文舟老师在5月5日下午5点13分进入了图书馆，一直到晚上8点51分才出来。"管理员推了推眼镜，语气肯定地说。

"谢谢您。"路建平向管理员表达了谢意。

"也就是说，金老师的不在场证明完全没有问题？"申筝奕有些不死心地问道。

路建平点了点头，表示肯定。

第四天放学后，他们三人找到了王雪。王雪说她那天放学后参加了"热爱校园"的活动，直接去大礼堂打扫卫生了。

"学姐，当时有人和你一起去吗？"申筝奕追问道。

"没有，我的几个朋友那天都没空。我这段时

间一直在忙着准备化学实验创新设计大赛，只有那天放学有点时间，所以我就自己去了。"王雪回忆着说，"不过那天，我看到大礼堂的签名板马上就要被撤掉了，想着应该留个纪念，所以就在那里拍了一张照片。"说着，王雪从座位里找出照相机展示照片。照片里，王雪的身后是写满校友名字的签名板。"我为了这个活动还专门带了照相机呢。"

"学姐，这张照片拍得真好，我是咱们校报的小记者，你直接投稿给我吧。"申筝奕说。

"好吧……我今天晚上发过去。"王雪说道。

和王雪告别后，尤勇齐**沮丧**地说："这回倒好，线索全断了！邵老师在多功能厅，王雪在打扫大礼堂，金文舟老师在图书馆看书，监控录像里又没有别人。那究竟是谁引发的火灾？难道是金属钠**自己跳到水池里**自燃了？"

路建平笑着看了尤勇齐一眼，说："石老师、邵老师和王雪都有后门钥匙，火灾发生前石老师和

我们在一起，所以不可能是他。那么还能打开实验室后门的，就只有邵老师和王雪了。"

申筝奕接过话头："大礼堂和多功能厅都在思逸楼里，思逸楼和实验室分别在学校的两个方向，一个在东南角，另一个在西北角。先说邵老师，按金老师的话说，他们在下午5点2分离开实验室之后，又一起走到了大操场的入口处。从实验室到大操场大约需要走8分钟。接着，邵老师应该就直接去了思逸楼。从大操场到思逸楼大约需要15分钟，那么邵老师到思逸楼时应该已经是5点25分了，就算她立刻拍完照往回走，也来不及在起火之前回到实验室。王雪是放学后去的大礼堂，她同样也没有足够的时间回实验室。"

"确实，这么看邵老师和王雪都没有嫌疑了。"尤勇齐听得连连点头。

"不对，她们之中有一个人在说谎。"路建平说道。

尤勇齐看着两个小伙伴的眉头都皱得紧紧的，

提议说："不如明天放学我们再回实验室里看一看吧？总比在这里埋头苦想要有效多了。"

"你说得对！我们可能还漏掉了一些重要的线索。"申筝奕拍了拍尤勇齐的肩膀，"没想到你也有这么机灵的时候！"

"这是什么话，我一直都很机灵的，好不好？"尤勇齐不服气地说道。

路建平也被他们俩逗笑了。这一天的调查就在三人的笑声中愉快地结束了。虽然他们还面临着很多谜团，但三个人绝不会丧失信心。

谜题

 邵老师和王雪两人中，谁在说谎？

4 申筝奕对路程时间的推理正确吗？

烟花秘术 6

实验室火灾发生的第五天放学后，少年侦探团三人组再次进入了化学实验室。

路建平在进入实验室之前，先绕到实验室的后门去看了看。他觉得，这扇很少有人关注的门，可能会给他一些**不同寻常**的线索。

后门的门板并没有受到什么损坏。路建平**小心翼翼**地靠近后门，仔细端详了后门的门锁。那是一把**完好无损**的门锁，不仅看起来非常牢固，而且没有一丝被**撬动**过的痕迹；甚至因为使用频率比较低，这把锁看起来就像新的一样，完全没有因为**年**

久失修'而出现破损。这就可以排除有人强行撬锁从后门进入实验室的可能性。

如果后门并没有被撬动过，那么实验室起火的幕后黑手就更加难以确认了。目前三个嫌疑人都有不在场证明，没有人能够从后门**悄无声息**地进入实验室。整件事情变得**扑朔迷离**，实在让人难以捉摸。

回到实验室之后，路建平看着眼前的场景，忍不住叹了口气；申筝奕正在仔细地**四处观察**，浑身上下散发着一股"不找到一点儿关键线索绝不罢休"的气势；而尤勇齐则干脆一屁股坐在了实验室的地上，专心看起了散落在后排实验台地上的实验报告，一边看还一边**咯咯咯地傻笑**。

"勇齐啊，这实验报告有那么好看吗？"路建平看着尤勇齐开心的样子，忍不住问道。

尤勇齐头都没舍得抬起来，翻完了一张又一张，回答道："当然了，我看的可不只是实验报告的内容，你看这个人的名字，居然叫'郑钱华'，好不好笑？你再看这个人的狗爬字儿，比我写得还难看。"

申筝奕摇了摇头，**打趣**地说："原来你看这些实验报告，是为了找存在感啊。"

尤勇齐一听，**挺直腰板**说："你们可不要误会我。我可不是偷懒，这化学实验室有这么多新奇的玩意儿，上次我向你们热情地展示，结果都没人理我。这次我安安静静地坐在这里，不给你们添麻烦！"

路建平**忍俊不禁**，说道："好好好，算你会说，那你好好看看这些报告，再发现什么有趣的内容随时汇报给我们。"

路建平和申筝奕对视一眼，笑了笑。

半个小时过去了，他们找得**满头大汗**，可关键线索还是一点儿也没找着。

"我这报告都快看完了，你们还啥也没找到，要不然先歇会儿吧？"尤勇齐觉得自己坐都坐累了，他一边转动着**酸痛**的脖子，一边招呼他们中场休息一会儿。

申筝奕抹了把额头上的汗，一屁股坐在了椅子上，闹脾气似的说道："怎么回事，这个引发火灾的人难道可以直接穿过实验室的墙壁吗？他是怎么做到**不留一丝痕迹**的？"

路建平靠在墙上，拿出矿泉水**猛喝了几口**，说："我觉得，王雪很有可能回来过。"

"**何出此言**？"申筝奕和尤勇齐听到这话，立刻打起了精神，一齐发问。

路建平沉吟片刻后说道："首先，我们确定了着火的原因是金属钠与水池里面的水接触。这种化学反应是非常剧烈且快速的，所以一定是有人在我

们赶到前不久把钠掉进了水池。"

"同意。"

"根据监控提供的信息，实验室的前门是没有人进入的，所以唯一的可能就是有人从后门进来了。我查看了实验室后门，完全没有暴力开锁的痕迹。而后门的钥匙只有石老师、邵老师和王雪有，所以能进入实验室的人就只有他们三个了。其他老师能够证明石老师确实在开会，而邵老师和王雪都只有一张照片可以作为证据。邵老师当时就发了朋友圈，所以我们也可以确认她是在多功能厅。"

"你是说，王雪的照片有问题？她的不在场证明是假的？"申笋奕睁大了眼睛，有些难以置信地问道。

路建平挠了挠头，犹豫了一下说："我是这样猜测的，但也没有证据。不过王雪最近在准备比赛，她会不会在做有关金属钠的实验呢？

申笋奕皱起了眉头："可是学生在没有老师

的陪同下，是不能做实验的。她不会这么做吧。"

路建平点头表示认同："是呀，学生独自做实验本身就是违反学校规定的，更别说是使用金属钠做化学实验了。"

此时，一直没说话的尤勇齐突然"哈哈"了一声，然后**扬起了**手中的实验报告："快看我发现了什么？这是王雪在高一时写的实验报告！

申箏奕有些惊讶地说："这都能找到，快给我看看。"她接过实验报告，边看边说："王雪的字写得还挺工整的。"

"可不是嘛，真是写了一手好字，不愧是学霸。等等，这是什么？"尤勇齐突然眯起眼睛，往两个实验台的中间看去。只见这两个实验台之间有一条缝隙，可能是当初摆放实验台的时候没有对齐，后来因为实验台太重了，学生们自己搬不动，也就留出了一条缝隙。

尤勇齐看到，有张纸正躺在这条缝隙中，和他

的距离说近不近，说远也不远。犹豫了一秒，但出于自身的好奇和对搜证任务的重视，尤勇齐趴在地上想要够到那张纸。

正在边上思考案情的路建平和申筝奕看到尤勇齐突然趴下，觉得好笑。只见尤勇齐先对着缝隙一通狂吹，试图把那张纸吹出缝隙。**不出所料**，这样的做法除了让他自己**满脸通红**以外，并没有什么效果。接着，他又拿起桌上的一张纸，折叠成长条后伸进去，试图把缝隙里的那张纸带出来。那张纸果然离"**重见光明**"更近了一些，但又突然卡在某个地方不动了。

"勇哥，你到底行不行呀？"申筝奕笑着打趣道。

"快了，快了，你没看到我离胜利就差一步了吗？你也过来帮帮忙，别总站在那里说风凉话。"尤勇齐一边头也不抬地拨着那张纸，一边说道。

"本姑娘可没时间陪你做这些无聊的事情。化学家，咱们做点有意义的事情去吧。"说着，她就把路建平拉走了。

"没义气！"尤勇齐抬起头看着他们两个离开的背影，轻声嘟囔了一声，继续趴在那里试图再做一些尝试。

"出来了！"十分钟后，尤勇齐欣喜的叫声打破了实验室的安静。他像举着战利品一样，把那张沾得满是灰尘的纸举到路建平和申筝奕眼前，他想要获得他们对自己"拯救纸张"的认可。尤勇齐得意地说："怎么样，我厉害吧，为了拿到它，我可费了好大的力气呢！"

"厉害厉害，"申筝奕一边翻着实验台的抽屉，一边有些敷衍地回应尤勇齐，"你看看这是哪个倒

霉蛋的实验报告掉进了缝隙里啊？"

尤勇齐哈哈笑了两声，翻过那张纸说："让我来看看是——"话还没说完，他就愣在了原地。

正在查看试剂柜的路建平没听到后续，于是问道："怎么不念了？是什么惊天地泣鬼神的名字把你吓到了？"

尤勇齐呆愣愣地说："这不是一份实验报告。"

路建平停下了手上的动作，转头看向尤勇齐，问道："那是什么？"

"烟、花、秘、术。"尤勇齐一字一顿地念出了纸上的字。

"什么？"路建平和申筝奕都停下了手上的动作，一齐看向了他。

他们走到了尤勇齐身边，路建平接过纸来仔细查看。只见这张纸已经被撕毁得**残缺不全**了，还能看到标题是"烟花秘术"，其余的部分很模糊，只能看到"利用金属钠和水的反应……"，还有一个钠与水反应的化学方程式：$2Na+2H_2O = 2NaOH+H_2\uparrow$。

大家沉默了一会儿，尤勇齐小声地提出了自己的疑问："所以……这张纸是关于做烟花的？"

申筝奕也非常诧异："这一页上的内容……是不是算**危险**的化学实验了？"

"但是，这张纸意味着什么呢？"尤勇齐不禁问道。

路建平托着下巴**陷入沉思**，始终**一言不发**。申筝奕接过这张纸，说道："你们看，这张纸上除了复印的内容，还有很多手写的笔记呢。看来

写这个笔记的人，真的是在非常认真地研究这种实验啊。他是不是真的想通过学习'烟花秘术'自己制作出烟花来啊？"

尤勇齐突然想到了什么似的，**猛地一抬头**，拿起一张实验报告说："对了！你们看这张王雪的实验报告，是不是和这个笔记的字迹**一模一样**？"

你知道名字的由来吗？

古代人有"名"有"字"。名，在夏朝之前就已经有了，而取字始于商朝。"名"又叫"本名"，是古人出生后三个月由父辈所取；而"字"又叫"表字"，是除本名外另取一个与本名有所关联的名字。古时男子在二十岁行冠礼时取字，而女子则在十五岁行笄礼时取字。

关键的证据 7

    "这就对上了！原来问题的关键在这里！"路建平终于想通了这一切。

    "什么呀？什么对上了呀？"申笄奕见路建平一副**豁然开朗**的样子，而她自己还**一头雾水**，着急得直**跳脚**。

    路建平拿过那张印着"烟花秘术"的纸，说道："这个，就是王雪的作案动机！"

    申笄奕用力点头，示意路建平继续说下去。

    "王雪想要根据这个'烟花秘术'研制出一种新型的烟花，这就解释了她为什么会需要用到金属钠。如果这个结论成立的话，那么我们在整个调查过程中遇到的各种谜团都可以破解了。"

尤勇齐此时**好奇**地问："什么谜团？我怎么没有发现？照你这么说，你们已经可以确定王雪就是导致实验室失火的那个人了？

路建平沉吟片刻，然后回答："基本上是的，但是王雪是怎么做到在这么短的时间内从大礼堂回到实验室的，或者说，王雪是如何制造不在场证明的，这一点我还没有想明白。"

申筝奕看着路建平，**眼神中带着一丝犹豫**，说："那你接下来打算怎么办？"

路建平**喃喃地**说道："我不知道王雪为什么要做烟花，但我觉得，做错了事情就应该承担责任，这是我们每个人都应该坚守的**原则**。"

路建平把这张残破的、写有"烟花秘术"的关键性证据**小心翼翼**地放进了一个实验台的抽屉里，郑重地说："我们先把这个证据放好，等到合适的

时机，再交给合适的人。"

三个人从实验室出来，正好遇上了石老师。

石老师见他们出来，急忙问道："你们查得怎么样了？有没有进展啊？"

路建平揉了揉眼睛，对石老师说："石老师，我们有了一个初步的想法，现在要去验证一下。"

石老师惊讶地**推了推眼镜**："这么高的效率！"

尤勇齐此时冲到了前面："老石，我今天可是大功臣，发现了关键性证据！"

尤勇齐一边往前挤，一边转头看向自己的两个小伙伴，希望能够得到他们的证实。结果，他一不小心，差点被绊倒，还把实验室周围的封锁带弄断了。

石老师见状赶紧上前扶住了他，笑着对他说："原来你是大功臣，我上报学校的时候，一定要好好强调一下，争取给你要到几张'食堂八折券'！"

听到石老师这么说，刚站稳的尤勇齐和申筝奕

都被逗得哈哈大笑，可是路建平却盯着尤勇齐弄断的封锁带出了神。

申筝奕见路建平一直呆愣着，忍不住问道："建平，你这是怎么了？"路建平猛地回过神来，一把抓住申筝奕的胳膊，急声说道："筝奕，你快把你邮箱里王雪的那张照片给我看看！"

申筝奕被他搞得一头雾水，赶紧向石老师借了手机，在邮箱里翻找那张照片，疑惑地问道："为什么突然要看王雪的照片？"她找到了王雪的照片，将手机递给路建平："你看吧，我早就看过了，王雪的这张照片可是没有经过处理的。"

路建平接过手机，凝神看着王雪的照片。良久，他抿了抿嘴，低声说道："好了，我已经明白了，我们现在就去验证吧。"

石老师和尤勇齐都疑惑地看着路建平。路建平看了他们一眼，然后开口道："我现在明白了，王雪根本就不需要从大礼堂赶回实验室。"

石老师愣住了，问道："这是什么意思？"

路建平叹了口气，对石老师说："石老师，手机先借给我们用一下，我们想要先跟王雪聊一聊，可以吗？"

石老师虽然不知道事情的**来龙去脉**，但是看到路建平如此严肃，他还是点了点头，让他们先离开了。

在去找王雪的路上，申筝奕实在**按捺不住**自己的好奇心，再次向路建平发问："化学家，你为什么说王雪不需要从大礼堂赶回实验室？"

路建平将手机递给申筝奕，笑了笑说："你再看看那张照片，重点不是里面的人物，而是照片里的环境。"

申筝奕再次翻出了王雪的那张照片。尤勇齐听到也凑了过来，他们两个一起**仔细打量**了一会儿。申筝奕一拍脑袋说："啊！原来如此！"

谜题

5 断裂的封锁带和王雪的不在场证明有什么关系？

6 王雪的照片真的没有经过处理吗？

最终的对质 8

少年侦探团来到了王雪的班级门口,幸运的是,王雪还在座位上没有离开。

看到侦探团来了,王雪明显非常惊讶。她赶紧起身出来,问道:"你们怎么来了?是还有什么事情我没有说清楚吗?"

路建平并没有回答她的问话,而是直视着她的眼睛说:"王雪学姐,你和这次火灾到底有什么关系?"

王雪愣住了,她沉默了两秒,然后嘴角拉起了一抹非常不自然的笑:"你在说什么啊?我怎么会跟火灾有关系呢?"

"王雪学姐，我们看到'烟花秘术'上有你的笔记。"申筝奕轻声道。

王雪听到"烟花秘术"四个字后，明显泄了气。她的肩膀重重地落了下来，却还是不说话。

路建平见王雪不愿意开口，便说道："那天放学后，是你悄悄地溜入实验室做金属钠的实验，对吧？"

王雪仿佛做了一个重大的决定，**深吸了一口气**，说道："是的，那天做实验的人是我。我很早就打算做这个实验了。所以在一次做实验时，我趁老师不注意，悄悄地把一个装有钠的玻璃瓶藏在了非危险化学品柜的角落里。我知道石老师一般会在

一个月内清点一次物品。所以我只要在这期间找机会使用就可以了。5月5日放学后，我来到实验室的后门，看到里面没人，使用金老师给我的钥匙打开门，**溜了进去。**"

"你为什么一定要做这个实验？"申筝奕看到王雪承认了自己做的事情，**震惊之余还是不敢相信。**

王雪无奈地说："我真的非常热爱化学，它是我高中繁重学业中的最大慰藉。最近，我报名参加了化学实验创新设计大赛。"

"所以，你想用这个烟花实验参加比赛？"路建平问道。

王雪无力地点了点头："是的。我**绞尽脑汁**想了很久，也没有想到有新意的实验。放假之前，我无意间看到了一本很旧的书，里面记载了这样一个'烟花秘术'的实验。如果我能设计出五颜六色的烟花，燃放出不同的效果，我就一定能赢得比赛。"

路建平忍不住说："你糊涂啊！这种古老的旧书记载的很可能是一些错误的内容，你怎么能就这样轻信呢？"

"我管不了那么多了。我只想赢得比赛，所以只要有百分之一的可能，我也想试试。"王雪有些激动地说。

尤勇齐看着她略显疯狂的样子，摇摇头问道："你那张不在场证明的照片到底是怎么拍的？"

王雪转头看向路建平和申筝奕，问道："你们是怎么发现我的照片有问题的？"

申筝奕把石老师手机里的照片放大了很多倍，直至完全看不见王雪的脸，只有大礼堂的背景占满了屏幕。屏幕上，一条红色的横幅模糊但很显眼。

"这个是我们校庆用的横幅。你说你是火灾发生的那天下午去拍照的，但我们遇到了拆横幅的王大爷，他说这个横幅在那天上午就已经拆掉了。"路建平终于揭露了谜底，"我也是看到勇齐弄断了

实验室的封锁带后，才想到这件事。"

王雪的表情很平淡："你说得对，这张照片是我在五一前拍的。本来我只是想留个纪念，没想到**事发突然**，我想起来自己正好没有给照片设置'时间显示'，于是就把它作为我的不在场证明了。"

"所以，那天下午实验室究竟发生了什么？"尤勇齐**迫不及待**地问道。

王雪**痛苦地**回忆着当天的情景："那天我照着笔记的步骤操作，却估错了这个反应所需要的钠的量。更糟糕的是，我不小心把过量的金属钠掉进了水池中。当时的化学反应很迅速，放在窗台上的学生试卷被**瞬间**点燃了。我**吓到了**，想找东西扑灭，但当我找到东西回来时，一些火苗已经把挂在旁边的衣服引燃了。整个起火过程非常**迅猛**，前门很快就无法控制了，我当时非常害怕，只好先逃离现场。"

"我本想赶紧去找人帮忙，但又担心做了笔记的'烟花秘术'会**暴露**。我的笔记就在那个靠后的

实验台上。结果在慌乱中把那张纸撕开了，掉进了实验台的**缝隙**里。

"为了不被发现，我只能先离开。我转眼看到了后门椅子上放着一摞旧的实验报告，我想到这张笔记很可能会被火烧掉，如果它没有被火烧掉，我也可以用这些旧的实验报告做**掩护**。于是，我就把这些报告撒在了地上，做完这一切，我就从后门离开了。"

听完王雪的陈述，路建平沉默了片刻，然后说道："你这次的行为实在太不负责任了，再怎么样难道不是应该先处理实验室的火灾吗？

王雪低下头说："我知道错了，我……我会对我的行为负责的。"

路建平说："王雪学姐，我们不会举报你，而是希望你能自己向学校说明情况，也算是一种减轻处罚的方式。我们都会做错事，但我们都要有承担错误的勇气。

王雪听完路建平的话，哽咽了："谢谢你们……"

与王雪分开后，他们又敲响了邵楠办公室的门。邵老师打开门时，看到敲门的是少年侦探团的三人，便笑意盈盈地说："案子进行得怎么样了？找到作案人了吗？"

"找到了。"路建平沉重地说，"邵老师，我们这次来是想和您确认一件事，窗台上的那摞试卷是您放的吗？"

"什么试卷？"邵楠陷入了回忆，忽然像想起了什么似的，"我整理实验室的时候是把一摞试卷随手放在窗台上了。难道……"

"是的，作案人不慎让金属钠掉进了水池里。但如果不是放在窗台上的试卷被引燃，恐怕也不会造成无法收拾的火灾。"路建平说。

"什么……怎么会这样？"邵楠颓然地坐在椅子上，为自己的过失感到自责。

见此情景，路建平三人悄悄地退出了邵楠的办公室。站在门口，他们相视而笑。这一次，他们又

完美地解决了一个案件。

你了解烟花的历史吗?

我国的烟花最早可追溯到唐朝。一位叫李畋的人，原本是用爆竹的爆炸声以驱鬼辟邪，驱岚散瘴。到了宋朝，烟花逐渐发展壮大，并在各种庆祝活动中被广泛使用。明朝时期，烟花技术得到了进一步的发展，烟花的品种也变得更加丰富。清朝时期，烟花制作已经开始使用多种药物配方来达到不同的效果，例如使用不同的金属盐类来制造出不同颜色的火焰。

一周以后 ……

王雪和邵楠都主动向校方承认了错误。

申箫奕的妈妈华沐兰来到学校查看情况。她和石老师在正在施工的实验室门口遇上了。

华沐兰认出了石老师，礼貌地和他握了握手："您就是石老师吧？这次少年侦探团能参与调查，多亏了您的推荐。"

石老师笑了笑说："是孩子们确实优秀。"

华沐兰感慨道："没想到是这样的结果。"

石老师叹了口气，有些释然又有些遗憾地回答："王雪是个好孩子，可惜就是太心急了。也怪我，没有早些注意到她的情绪变化。"

华沐兰安慰地拍了拍石老师的肩膀："您别自责，人都是在犯错中成长的。我倒是听说，这次的事情是王雪自己主动承认的，而不是他们向校方报告的。"

石老师笑了笑，看着天边橙色的晚霞，欣慰地说："他们长大了，学会更好地处理问题了。"

华沐兰心领神会，也微笑着看向夕阳。明天又是新的一天。

解谜时刻

① **邵楠真的去多功能厅打扫卫生了吗?**
是的,有朋友圈的照片为证。

② **王大爷运送横幅的线索,在整个案件中起到了什么作用?**
这是王雪伪造不在场证明的关键证据。

③ **邵老师和王雪两人中,谁在说谎?**
王雪在说谎。

④ **申筝奕对路程时间的推理正确吗?**
不正确,因为她忽略了嫌疑人的不在场证明有问题。

⑤ **断裂的封锁带和王雪的不在场证明有什么关系?**
封锁带让路建平想到了照片并不是火灾发生当天拍的。

⑥ **王雪的照片真的没有经过处理吗?**
是的,因为这是她在五一放假前拍的。

图书在版编目（CIP）数据

化学侦探王．盛放的烟花 / 吴殿更著．-- 长沙：
湖南教育出版社，2023.11（2024.3 重印）
ISBN 978-7-5539-9875-6

Ⅰ．①化… Ⅱ．①吴… Ⅲ．①化学－青少年读物
Ⅳ．①06-49

中国国家版本馆 CIP 数据核字（2023）第 213325 号

化学侦探王·盛放的烟花
HUAXUE ZHENTAN WANG·SHENGFANG DE YANHUA
吴殿更　著

总　策　划：石叶文化
策划组稿：胡旺　殷哲
出版统筹：朱微　谢贶颖
封面设计：曹柏光
特约编辑：卫世敏　杨帅
责任编辑：秦嘉邦
责任校对：崔俊辉
出版发行：湖南教育出版社（长沙市韶山北路 443 号）
网　　　址：www.hneph.com
微　信　号：湖南教育出版社
电子邮箱：hnjycbs@sina.com
客服电话：0731-85486979
经　　　销：全国新华书店
印　　　刷：唐山富达印务有限公司
开　　　本：880 mm×1230 mm　32 开
印　　　张：27.50
字　　　数：400 000
版　　　次：2023 年 11 月第 1 版
印　　　次：2024 年 3 月第 2 次印刷
书　　　号：ISBN 978-7-5539-9875-6
定　　　价：198 元（全 10 册）